LOS ERRORES DE EINSTEIN

J. L. Gambande

(Una crítica a las matemáticas de la Relatividad)

LOS ERRORES DE EINSTEIN. Copyright © 2016 por J. L. Gambande. Todos los derechos reservados. Impreso en Estados Unidos de América. Se prohíbe reproducir, almacenar, o transmitir cualquier parte de este libro en manera alguna ni por ningún medio sin previo permiso escrito del autor o sus representantes apoderados, excepto en el caso de citas cortas para críticas. Para recibir información del autor favor dirigirse a gambande@yahoo.com.

Primera Edición: 2016

Todos los derechos reservados.

Dedicatorias

A mi esposa María, quien me soporta por más de treinta años, llenando cada uno de ellos de amor y comprensión.

A mis hijos, por su amor incondicional.

Contenido

PREFACIO 7
INTRODUCCION 11
   Einstein y la Relatividad..............................13
   Referencia Documental 17
   El planteo del problema...............................20
   El problema del problema 24
   El problema de la simultaneidad 26
LA TEORIA DE EINSTEIN 29
   Las bases de la Relatividad..........................31
   El Principio de la Relatividad.....................34
   Las matemáticas de la Relatividad 39
   Anexo I (Textual) 41
   Crítica a las matemáticas de Einstein 45
LA NUEVA FORMULACION 53
   El núcleo duro de la Relatividad real 55
   Relatividad sin movimiento........................57
   El observador y el mundo...........................61
   Relatividad en movimiento.........................64
   Sistemas de referencia 69
   Relatividad de primer y segundo grado...............72
   Reformulación de la Relatividad de primer grado ..75
   Simetría espacial en la Relatividad...........79
   Reformulación de la Relatividad de segundo grado 82
CONCLUSIONES 85

Los errores de Einstein 87
El Mundo de la Física 89
Este pequeño libro y después 91
Anexo 1: el final del camino 92
Agradecimientos 93

PREFACIO

Debo decir que dudé mucho sobre la conveniencia de escribir este libro. El tema es abrumador. No es sencillo escribir sobre la Teoría de la Relatividad, cuya fama de inentendible asusta a cualquiera, y cuyo aire de perfección la vuelve intocable aun para los físicos. Más todavía ocurriría tal cosa para aquellos que no tenemos un prestigio ganado dentro de la comunidad científica. Y mucho peor aún sería si el libro a escribir versaba sobre errores e incongruencias de la teoría que la ponen en grave riesgo de obsolescencia. En los más de cien años transcurridos desde su formulación, la Teoría y su autor se han ganado la fama de indiscutibles: nadie puede porfiar contra Einstein sin salir gravemente desprestigiado por el mainstream científico mundial.

En la soledad de la cocina de mi casa tuve que revisar una y otra vez los cálculos, los argumentos, los razonamientos, y todo el andamiaje teórico buscando mis propios errores, mis fallas, mis contradicciones. Fueron tres años de arduo trabajo. Algunas veces debí dejar todo durante meses a la espera de la idea salvadora que me demostrara que yo estaba equivocado y era toda una ilusión en mi cabeza. Una idea que me salvara de tener que publicar este libro.

Cuando retomaba el trabajo, luego de largas temporadas sin pensar en él, la claridad cristalina de las fallas de Einstein volvía a mi cabeza luego de leer una y otra vez su libro. Los errores estaban ahí, claros y evidentes. No podía hacer nada, y no era precisamente la persona indicada para darlos a conocer. Pero tampoco podía olvidarlos.

Tenía claro que debía concentrarme en lo más pequeño, en lo más germinal y en las ideas más básicas para evitar transformar este libro en un tratado que mis pobres conocimientos académicos no podrían sostener. Las implicancias y derivaciones de los errores de Einstein abarcan seguramente casi tanta ciencia y tantos rubros dentro de ella, como los que penetra su teoría. No es una tarea para un simple físico amateur y aficionado como yo.

Por todas estas consideraciones este libro es un pequeño libro. Versa sobre un pequeño error que termina germinando en otros y arrastra a toda la teoría, pero sin ir más allá que su demostración, por lo demás bastante clara. Para poder rodear mis razonamientos de manera de hacerlos comprensibles, hube de sustituir el razonamiento y la deducción de las fórmulas hechos por Einstein, por los míos propios hasta llegar a las fórmulas correctas. Y ahí me detuve.

Así, el libro está compuesto de un primer capítulo denominado **Introducción**, donde se establece sobre qué base realizaremos los cuestionamientos y donde se muestra cómo Einstein inicia su análisis de los fenómenos físicos. Ese primer análisis dará lugar a su (de él) desarrollo de la Relatividad. En el segundo capítulo llamado **Crítica a la Relatividad de Einstein**, veremos cómo Einstein establece sus primeros razonamientos y comete sus primeros errores, analizando textualmente su libro de 1920. En el tercer capítulo, llamado **La Nueva Formulación** veremos cómo debería haber sido el razonamiento de origen de la Teoría de la Relatividad, reemplazando las ideas equivocadas y estableciendo un nuevo comienzo para la teoría. La nueva forma de razonar nos servirá para demostrar la forma errada del razonamiento original. Allí, llegaremos a las ecuaciones correctas. Finalmente, un capítulo de **Conclusiones** cierra el análisis.

Dejo a otros la continuación de este trabajo, con la certeza de que corrigiendo lo que se debe corregir, como indica este libro, se edificará una teoría más perfecta, más cercana a la realidad y más productiva para el futuro de la física y de nuestra comprensión del Universo.

Para terminar, quisiera agregar que no es mi intención establecer ninguna polémica pública. Si alguien se siente con ganas de discutir constructivamente, lo invito a dejar sus comentarios en gambande(a)yahoo.com. Con gusto contestaré todos los mensajes.

INTRODUCCION

Einstein y la Relatividad

Estos escritos están dedicados a inspeccionar, con sentido crítico, el legado de Albert Einstein, el físico más famoso del siglo 20. Trataremos de mostrar su inmenso legado, pero al mismo tiempo destacar sus errores. Nadie es perfecto.

Un extracto de Wikipedia nos dice lo siguiente:

__Albert Einstein__; Ulm, Imperio alemán, 14 de marzo de 1879 - Princeton, Estados Unidos, 18 de abril de 1955) fue un físico alemán, nacionalizado después suizo y estadounidense. Es considerado como el científico más conocido y popular del siglo XX.

En 1905, cuando era un joven físico desconocido, empleado en la Oficina de Patentes de Berna, publicó su teoría de la relatividad especial. En ella incorporó, en un marco teórico simple fundamentado en postulados físicos sencillos, conceptos y fenómenos estudiados antes por Henri Poincaré y por Hendrik Lorentz. Como una consecuencia lógica de esta teoría, dedujo la ecuación de la física más conocida a nivel popular: la equivalencia masa-energía, $E=mc^2$. Ese año publicó otros trabajos que sentarían bases para la física estadística y la mecánica cuántica.

En 1915 presentó la teoría de la relatividad general, en la que reformuló por completo el concepto de gravedad. Una de las consecuencias fue el surgimiento del estudio científico del origen y la evolución del Universo por la rama de la física denominada cosmología. En 1919, cuando las observaciones británicas de un eclipse solar confirmaron sus predicciones acerca de la curvatura de la luz, fue idolatrado por la prensa. Einstein se convirtió en un icono popular de la ciencia mundialmente famoso, un privilegio al alcance de muy pocos científicos.

Por sus explicaciones sobre el efecto fotoeléctrico y sus numerosas contribuciones a la física teórica, en 1921 obtuvo el Premio Nobel de Física y no por la Teoría de la Relatividad, pues el científico a quien se encomendó la tarea de evaluarla no la entendió, y temieron correr el riesgo de que luego se demostrase errónea. En esa época era aún considerada un tanto controvertida.

Ante el ascenso del nazismo, el científico abandonó Alemania hacia diciembre de 1932 con destino a Estados Unidos, donde se dedicó a la docencia en el Institute for Advanced Study. Se nacionalizó estadounidense en 1940. Durante sus últimos años trabajó por integrar en una misma teoría la fuerza gravitatoria y la electromagnética.

Aunque es considerado por algunos como el «padre de la bomba atómica», abogó por el federalismo mundial, el internacionalismo, el pacifismo, el sionismo y el socialismo democrático, con una fuerte devoción por la libertad individual y la libertad de expresión. Fue proclamado como el «personaje del siglo XX» y el más preeminente científico por la revista Time.

Hasta aquí la información de Wikipedia. En la práctica, la teoría de la Relatividad se considera probada por innumerables experimentos y descubrimientos posteriores a su publicación. La física o, mejor dicho, la ciencia oficial, no la discute desde ya hace mucho tiempo. Se la considera parte de la ciencia aceptada universalmente.

Por ese motivo, quienes osan cuestionar algún aspecto ya sea de la teoría especial (la denominaremos SR, por sus siglas en inglés) o la teoría generalizada (GR en inglés) son expulsados del sistema. Sus trabajos no se publican, sus nombres nunca trascienden y nadie se entera de que existen.

Pero resulta que la teoría de Einstein contiene errores. Dichos errores muchas veces se manifiestan en las expresiones matemáticas en las cuales se basa la teoría misma, y que le sirven de andamiaje. Sin embargo, aún quienes detectamos y ponemos de manifiesto esos errores, muchas veces aceptamos las conclusiones y los hechos que demuestra la teoría. Claro que con bases matemáticas equivocadas, algunas conclusiones actuales y ulteriores pueden ser invalidadas.

La teoría predijo muchos fenómenos físicos, como el atraso en el perihelio de Mercurio, que se demostraron ciertos cuando los instrumentos los pudieron medir. Asimismo, la teoría tiene cientos de predicciones consideradas correctas a la fecha actual (2016) aunque quizás debiera decirse más correctamente, *que las predicciones de la teoría de la Relatividad en muchos casos solo son mediciones más precisas que las que teníamos antes de ella.*

Muchos principios que podríamos denominar "rectores" de la teoría, se mantendrán incólumes, aunque demostremos que su base matemática está errada. Y muchas conclusiones de la Teoría seguirán siendo aceptadas. Pero la depuración matemática que es necesaria, ahora que vemos claramente los errores, fortalecerá dichas conclusiones.

De eso se trata estos escritos, de edificar una versión más sólida de sus conclusiones, universalmente aceptadas. Si lo logramos, habremos contribuido a mejorar el entendimiento de la realidad, detrás del velo que ya descorrió Einstein. Para siempre.

El alcance final que tengan las correcciones matemáticas sobre la teoría física es imposible de determinar de antemano, y menos aun cuando todavía dichas correcciones no han sido aceptadas por el mainstream científico internacional. Es posible que se depuren sus matemáticas y que se mejoren sus alcances, manteniendo muchos de los descubrimientos científicos bajo la órbita de la teoría. Pero también es posible que los errores matemáticos demostrados tengan un efecto devastador sobre la Teoría en general, y conduzca a su obsolescencia y renovación total.

Referencia Documental

Muchos científicos han escrito y re-escrito sobre la Teoría de la Relatividad en los últimos cien años. Desde los contemporáneos de Einstein, sin entenderlo totalmente, muchos científicos, docentes y divulgadores, han pretendido reinterpretarlo. Se cuenta, como anécdota, que el Comité sueco del premio Nobel puso a un físico a estudiar la Relatividad y, dado que éste no logró entenderla totalmente, le otorgaron al autor el premio Nobel por su descubrimiento del efecto fotoeléctrico, en lugar de hacerlo por su teoría más famosa. Dicen que querían ir sobre seguro. Personalmente dudo mucho de la veracidad de esta anécdota, que pertenece a la colección de leyendas que se han tejido alrededor de la teoría física más famosa de todos los tiempos.

Muchos vinieron después que, con igual grado de entendimiento, pretendieron emularlo, copiarlo y re-escribirlo. Es inmanejable la cantidad de bibliografía que existe sobre el tema.

En estos escritos, sin embargo, hemos preferido referirnos solamente a la primera edición de la teoría completa publicada para el mercado de Estados Unidos en 1920. Es la versión escrita por el mismo Einstein, traducida por **Robert W. Lawson de la Universidad de Shieffield** y publicada en Nueva York por **Henry Holt & Company**. Lleva el título original de **Relativity - The Special and General Theory.**

Vale la pena recordar que Einstein publicó la primera versión de la teoría en 1905, la que se conoce como relatividad especial o restringida (SR). Luego completó su obra, ampliada y parcialmente reformulada, en 1915, conocida como relatividad general (GR). En la versión que utilizamos aquí, de 1920, ambas partes están resumidas en un solo cuerpo teórico.

¿Por qué usar la versión original? Pues, por ciertos y determinados motivos. El primero es que justamente es ahí donde mejor se nota la existencia de errores en las formulaciones matemáticas que dan la base para la teoría y que Einstein cometió o, en el mejor de los casos, no se preocupó en enmendar. Son estas deficiencias en su planteo las que pretendemos señalar. Estudiar otras elaboraciones de la teoría podría conducir a confusiones sobre quién sería el verdadero autor de los citados errores.

En segundo lugar, fue leyendo justamente esta versión original del autor, que surgieron las dudas, las discrepancias y la confirmación, finalmente, de que había algo errado en los planteos básicos de la teoría, al menos en su formulación de cálculo. Durante bastante tiempo dudé en publicar o no estas conclusiones. Finalmente, el ansia de dar a conocer la verdad se impuso.

Por otra parte, es tan vasta la afectación a las ciencias en general que produjo la Teoría de la Relatividad que no es fácil abarcar todos sus alcances. Por ese motivo hemos preferido concentrarnos exclusivamente en una versión, y que la misma sea de las originales, es decir, publicadas directamente por el autor de la Teoría. Creemos que, de ese modo, se puede abarcar claramente los errores y ponerlos al descubierto.

El hecho de habernos concentrado en los desarrollos primeros y originales, a su vez, simplifica el entendimiento de los errores. Las ideas básicas son pocas, y es ciertamente más simple ver dónde están los conceptos equivocados, que si uno intenta penetrar en la teoría desde una maraña de ideas y conceptos superpuestos. Concentrarse en el origen tiene éstas ventajas. Luego, otros podrán realizar el trabajo siguiente mucho mejor que yo.

El planteo del problema

El desarrollo histórico que culmina con la publicación de Einstein de la teoría de la Relatividad en 1915 puede considerarse un proceso histórico muy interesante. Si bien es cierto que Einstein acomodó y organizó muchas cosas que ya se sabían, la forma en que lo hizo resultó genial. Articuló de manera racional y con la precisión de un relojero, descubrimientos, desarrollos matemáticos y experimentos realizados por otros para llegar a una teoría perfectamente ordenada y congruente consigo misma y con lo que se conocía en la época. A primera vista, parecería que él ya tenía en mente lo que quería demostrar o la verdad que poseía, y la fundamentó con desarrollos matemáticos preexistentes, que habían sido logrados en pos de demostrar otras leyes físicas. Sin embargo, el todo es coherente a primera vista y asombrosamente brillante. Si no fuera por algunos errores matemáticos evidentes que demostraremos a lo largo de estos escritos.

La primera vez que se me ocurrió que valía la pena repasar punto por punto la teoría de la Relatividad fue hace unos años, mientras estudiaba, como físico aficionado, las diversas teorías que existen respecto de la sincronía. Un científico de Harvard, Steven Strogatz, pregona con ese nombre una teoría que muy resumidamente propone que la naturaleza tiende a volver sincrónicos algunos procesos que originalmente no lo son. Esto lleva a analizar el concepto de sincronía y, lo más interesante para el tema de estos escritos, el concepto de simultaneidad, íntimamente ligado a él.

La teoría de la Relatividad tiene en este punto un tema notable, dado que en los escritos originales de su autor se deja perfectamente demostrado que la simultaneidad es una cualidad de los fenómenos *en su relación con el sistema al cual están referidos*. No existe por fuera del sistema de referencia al cual está sujeta. Es decir, la simultaneidad es el primer sacrificado en el altar de la Relatividad, dado que queda palmariamente demostrado que dos hechos son simultáneos para un observador, pero no para otro que pertenezca a un sistema en movimiento respecto del sistema de referencia del primer observador.

El primer ejemplo que da el mismo Einstein en el libro Relatividad de 1920 es referido a esto[1]. Usando la famosa imagen del tren, el pasajero y la plataforma, que ya se ha vuelto clásica, Einstein pone en evidencia que la simultaneidad es cuestión de observadores más que de actores. Como puede verse en el Capítulo titulado La Relatividad de la Simultaneidad, Einstein utiliza la siguiente figura para demostrarnos un fenómeno básico de su teoría mediante una imagen sumamente intuitiva y que no requiere mucha demostración.

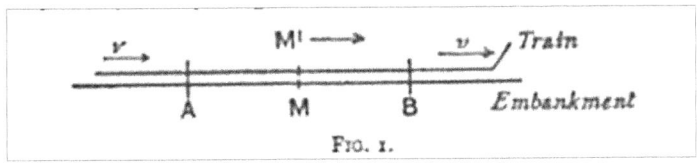

Figura 1.

---

[1] Relativity - The Special and General Theory. Traducido del alemán por Robert W. Lawson de la Universidad de Shieffield y publicada en Nueva York por Henry Holt & Company.

A lo largo de estos escritos volveremos una y otra vez a esta imagen, ya famosa en los estudios sobre Relatividad. (Rogamos disculpas por la mala calidad de la imagen, tomada de una antigua edición)

Lo primero que surge cuando vemos este esquema es que, intuitivamente, entendemos lo que Einstein nos da como base para deducir la pertinencia de su teoría y de las transformaciones matemáticas necesarias (que veremos después) y, en definitiva, vemos claramente el sentido de la Relatividad. Sin embargo, esta imagen sugiere muchas cosas más.

Analicemos la imagen en el mismo sentido que la coloca el autor. En primer lugar, Einstein describe la siguiente situación: un pasajero va en un tren por una vía donde caen dos rayos al mismo tiempo en los puntos A y B. Un observador M situado sobre la plataforma a la misma distancia de A que de B, ve los dos rayos en forma simultánea, como no podría ser de otro modo. Nos hace notar que el observador situado en M ve una realidad (lo que él piensa que es la realidad) diferente a la realidad que ve el observador situado sobre el tren en movimiento denominado M' (eme prima). Ocurren dos eventos simultáneos en A y B, para M los dos rayos caen al mismo tiempo en A y B. Es evidente que el observador que está ubicado en M' se dirige hacia uno de los puntos, donde se produjo el evento denominado B y, por tanto, verá como su realidad el hecho de que el evento B es anterior al evento A. Esto es así ya que la luz del rayo viaja desde B hacia M' y desde A hacia M' a la misma velocidad, esto es aproximadamente 300.000 kilómetros por segundo. Por lo tanto, la información lumínica que proviene de A alcanzará al observador después de la proveniente de B. Es decir, Einstein nos convence demasiado fácilmente que la simultaneidad es relativa al observador que la presencia.

El ejemplo, el gráfico, y el razonamiento de Einstein (que analizaremos más adelante) son simples y claros. La simultaneidad que verifica M no es la que observa M'. Desde este simple punto se construye una teoría que revoluciona toda la ciencia mundial y nosotros la aceptamos pasivamente, sin cuestionar ni siquiera sus consecuencias más evidentes.

Siempre me pareció una descortesía asombrosamente gigantesca de parte de Einstein no profundizar en el tratamiento de la simultaneidad. Simplemente, él plantea el dilema de M y M' y, tomando como base ese "relativismo", destruye el concepto de simultaneidad sin reemplazarlo por absolutamente nada más que el silencio. Basado en la indignación que me produjo la mencionada descortesía, decidí comenzar a estudiar el tema en profundidad y ver qué pasaba.

El problema del problema

Pero esta imagen también nos dice otra cosa. Si uno se imagina al otro lado de la plataforma otro tren viajando a la misma velocidad que el primero en sentido contrario y con otro pasajero en su interior, no cuesta mucho darse cuenta que la alteración de la simultaneidad del segundo pasajero, digamos M", será en sentido inverso. Suponemos que la posición de M" es coincidente con la de M' en el momento de la caída de ambos rayos. Es decir, así como M' cree que el evento B es anterior al A, el pasajero M" creerá que el evento A es anterior al B.

Llegado a este punto de nuestro razonamiento, es difícil no ver las implicancias enormes que tendrá esta comprobación para la forma en la cual vemos el mundo que nos rodea. La secuencia de eventos que presenciamos cada día en nuestra vida, de todo tipo de hechos de que se trate, parecería que puede ser presenciada en un orden alterado con la sola condición que nos estemos moviendo respecto del evento de que se trate. Diversos observadores en movimiento verán el mundo en diferente secuencia, de acuerdo a sus condiciones de movimiento y de velocidad. La realidad no es una sola, sino que depende del observador. Diferentes observadores relatarán secuencias de hechos en distinto orden.

Este ejemplo tan simple y, al mismo tiempo, tan significativo deja pensando a muchas personas sobre el significado del tiempo y, en particular, de la simultaneidad. Debe aclararse que Einstein no habla del segundo pasajero, y no destaca la alteración de la simultaneidad en sentido inverso que mencionamos acá. No era, evidentemente, el objeto de su ejemplo o no sabría cómo tratarlo.

De este sencillo ejemplo, sobre el cual se basa toda la Teoría de la Relatividad, surge también nuestro cuestionamiento a la misma. Sin embargo, el célebre científico se adelantó a algunos de estos cuestionamientos. Veremos más adelante cómo lo hizo.

Hasta aquí, hemos arribado a algunas conclusiones interesantes. Einstein comienza su desarrollo poniendo un ejemplo que merecería un tratamiento mucho más amplio y que daría lugar a conclusiones mucho más profundas, que sin embargo el mismo Einstein esquiva. A esta actitud me refería en el capítulo anterior y la tildé de descortesía. No enfrentar el problema de la simultaneidad en todas sus variantes y en profundidad, es una de las razones que lo inducen a cometer errores matemáticos, como veremos también más adelante.

El problema de la simultaneidad

Resulta bastante sencillo aceptar, para la persona no especialista en física, que observadores diferentes vean secuencias de eventos distintas cuando observan una realidad que transcurre ante sus ojos. Si bien es una idea algo extraña, uno puede llegar a imaginarse esa situación. No ocurre lo mismo cuando uno piensa en que todos los hechos que presenciamos puedan trastocar su orden simplemente por nuestra situación particular de movimiento respecto de ellos. Es decir, las cosas suceden de una sola forma, tendemos a creer. Y que las veamos en secuencia diferente o que la relatemos de modo distinto a lo que hace otro observador, resulta una idea un poco más extraña para ser aceptada sencillamente.

Para el observador que podemos tildar de "normal" o la persona no entrenada en física, el asunto termina siendo una cuestión de imagen: las cosas son de una sola manera, pero las vemos alteradas si nos movemos respecto de ellas. Mucho más difícil de creer es que las cosas no son de ninguna manera en especial, sino que son de la manera que la relata el observador, y no hay observadores privilegiados que vean la verdad de los hechos.

Einstein tomó dos precauciones cuando se refirió a la simultaneidad relativa: en primer lugar, dejó fuera de la misma a la causalidad. Es decir, cuando un hecho es causa de otro, los dos no pueden cambiar la secuencia en la que ocurren puesto que uno es origen o causa y el otro es efecto producido por esa causa. Esto parece evidente al sentido común, pero Einstein elude totalmente profundizar este tema.

Sin embargo, debemos mencionar que dicha restricción por causalidad no proviene de las matemáticas que describen los hechos ni tampoco tiene un correlato matemático en el cuerpo de la teoría de la Relatividad. Es decir, lo debemos aceptar solamente porque Einstein lo dice y porque es coherente con el sentido común. No parece muy "científica" esa conclusión.

El mismo Einstein contradijo el sentido común innumerable cantidad de veces en todos sus desarrollos teóricos. Ese contradecir el sentido común es citado muchas veces como muestra de valentía o de sagacidad de su parte, entonces no se ve cómo el sentido común puede acabar siendo una demostración para su teoría.

En definitiva, la restricción de la causalidad sobre la simultaneidad acaba siendo para la teoría como una especie de tabú sobre el cual no conviene hablar. Aquellos entendidos con los cuales se puede hablar del tema, prefieren sonreír condescendientemente y esquivar una respuesta concreta a la pregunta: ¿en qué parte del desarrollo matemático de las ecuaciones de movimiento de la teoría de la Relatividad está indicado que su validez, o aplicación, contempla la no causalidad de los eventos vinculados? Dicho de otra forma, ¿Cuál es la ecuación o expresión matemática sobre la que opera la causalidad y que, al hacerlo, destruye la relatividad de la simultaneidad? La respuesta a estas preguntas es siempre el silencio.

El segundo modo en que Einstein limitó la alteración de la secuencia de eventos de observadores independientes es el caso de la coincidencia de dos hechos en el espacio y en el tiempo. Por ejemplo, dos bolas de billar que coinciden en un punto, que chocan entre sí. Si bien este caso parece tan evidente que no requeriría la más mínima demostración, la física expresada por las ecuaciones de Einstein desprecian este hecho, quizás por insulso. Al fin y al cabo, un choque de dos cuerpos no es más que una expresión particular de causalidad, o sea una singularidad de la causalidad. Sin embargo, el tema merecería un tratamiento más sólido que simplemente decir que es irrelevante. Einstein lo mencionó, pero no profundizó en su tratamiento. Otra descortesía de su parte.

Estas cuestiones, como la mencionada de la alteración secuencial de la realidad, llevan a cualquier lector más o menos atento a pensar que es necesario un tratamiento más profundo de la forma en que se describe la realidad. La teoría de la Relatividad parece un cuerpo elegante y totalmente terminado, pulido y brillante. Si uno intenta repensarla, la mayoría de las personas, sobre todo científicos, se rebelará dado que lo consideran escrito en piedra.

Intentaremos demostrar que la piedra podría estar equivocadamente tallada. Usando una metodología muy propia de Einstein, la de partir de ejemplos sencillos y sumamente elementales, recorreremos el mismo camino que él recorrió. Tal como lo hizo en Relatividad, el libro de 1920, iremos usando solamente el sentido común y el razonamiento más básico, para ver de qué modo sus argumentos se ajustan a la realidad y a la lógica. Y veremos si llegamos a resultados similares o distintos.

Es necesario aclarar que no podremos profundizar en la vinculación íntima entre relatividad y simultaneidad. En realidad, usamos el déficit de una adecuada formulación de la simultaneidad y su relación con la relación causa – efecto simplemente para demostrar que hay ahí un hueco importante en la teoría física de nuestros días.

La Relatividad no intentó ni se aproximó a cerrar esa brecha, quizás porque privilegiaba otras escalas cósmicas. Sin embargo, es útil apreciar cómo esos huecos que ha dejado en el camino conspiran contra ella misma.

LA TEORIA DE EINSTEIN

Las bases de la Relatividad

La teoría de la Relatividad se inicia con una teoría que publica Einstein en 1905 denominada Relatividad Especial o Restringida. Y se completa en 1915 con la teoría de la Relatividad General. Nosotros tomaremos ese camino, pero no llegaremos al final. Solamente mostraremos que, al inicio mismo de ese camino, Einstein equivocó el rumbo y se perdió. Y nos hizo perder a nosotros.

La piedra angular a partir de la cual se basa todo el edificio teórico de la Relatividad es muy sencilla. Einstein parte de un concepto que ya se conocía, pero que él lleva al nivel de verdad absoluta, que es la constancia de la velocidad de la luz en el vacío. Toda la Relatividad gira alrededor de las propiedades y el comportamiento de la luz, las que se habían estudiado tiempo antes por otros científicos, pero no habían sido asumidas por la mecánica en todo su significado.

En realidad, el desarrollo de Einstein parte de tres verdades concurrentes. 1.- La velocidad de la luz en el vacío es constante, es decir es igual para todos los observadores en cualquier circunstancia de movimiento en que se encuentren. 2.- La velocidad de la luz es la máxima velocidad que puede desarrollar un cuerpo físico o un campo propagándose, para cualquier situación y en cualquier condición de movimiento de la fuente de luz. 3.- La velocidad de la luz es independiente de la condición de movimiento de la fuente de la que emana la luz.

Estas tres verdades o principios básicos se enlazan en todos los conceptos de la teoría y aparecen una y otra vez para justificar o predecir los diferentes aspectos de la Relatividad. Quizás el más importante de todos sea el de que la velocidad de la luz es el límite físico de la velocidad en el Universo, una ley que tiene una importancia difícil de exagerar. Este límite físico aparecerá en las ecuaciones de la Relatividad Especial, haciendo que, por ejemplo, la masa de los cuerpos se haga infinita cuando el cuerpo es acelerado hasta el nivel de la velocidad de la luz. Así, las matemáticas reflejarán los hechos más importantes de la teoría y sus alcances.

Que nada, ningún cuerpo físico, ningún campo, ninguna información pueda viajar a mayor velocidad que la de la luz, como veremos, tiene implicancias en todos los aspectos de la física. Impone un límite, pero a la vez es genialmente fértil para dar lugar a crecer de muchos de los descubrimientos de la ciencia. Hasta el reconocimiento de este principio, se pensaba que muchos fenómenos de la naturaleza, como las descargas eléctricas o la misma gravedad podían actuar a distancia en forma instantánea. Einstein desterró de la física la acción a distancia instantánea. A partir de él, lo más rápido que podemos transmitir información o enterarnos de lo que sucede es la velocidad de la luz.

Que la velocidad de la luz sea la misma para cualquier sistema, independientemente de su estado de movimiento respecto de la fuente de luz, es una conclusión bastante más misteriosa. No parece haber ningún motivo que justifique esta característica como no sea el mantenimiento de la coherencia de la teoría.

Sin embargo, esta constancia es imprescindible si suponemos que la velocidad de la luz es un máximo natural para todos los sistemas. No podría existir la constancia sin la propiedad, al mismo tiempo, de ser un máximo absoluto.

En definitiva, las propiedades de la luz moldean el modo en que se comporta el Universo ante nuestros ojos, y la manera en que conocemos la realidad que nos rodea. Por lo tanto, es natural que tenga un papel tan importante en la descripción física de la realidad.

Por ese motivo, hemos expresado esos tres principios. Las propiedades de la luz son las que llevan a Einstein a edificar su edificio como una unidad, y esa coherencia aparece como necesaria.

El Principio de la Relatividad

Pero he aquí que aparecerá el primer hueco en la forma en que la teoría de la Relatividad se justifica ante el mundo. Cuando Einstein, al comienzo del libro que cuestionamos[2], nos muestra el famoso esquema del tren y del pasajero que viaja hacia el suceso, está mostrándonos que las descripciones de los hechos de la naturaleza forman parte de la teoría física. Quizás no pueda apreciarse adecuadamente este fenómeno. Intentaremos una explicación más detallada.

En la historia del pasajero que viaja hacia la luz y que ve alterada la secuencia de los hechos, la percepción del pasajero ubicado en el tren es fundamental para comprender el significado de la Relatividad. En ese simple escenario, en el cual Einstein no desarrolla ninguna ecuación matemática, nos está indicando que lo que él quiere describir es lo que ve el pasajero, no lo que ocurre realmente. La física describirá la visión del observador más allá de la forma que adopten los fenómenos físicos en sí. La física se transforma, desde una ciencia que todo lo sabe a una ciencia que describe lo que ven los observadores.

Pongamos un ejemplo sencillo. Dibujemos una circunferencia en una hoja de papel. Cuando terminemos con el compás, la hoja blanca contendrá un círculo dibujado sobre ella. Podemos poner el papel delante de nuestros ojos y apreciar la figura de un círculo perfecto. Ahora imaginemos un ser diminuto, por ejemplo, un insecto muy pequeño, situado en su

---
[2] Relativity – Op. cit.

centro del círculo, allí donde hemos clavado el compás al dibujar. Imaginemos como el insecto ve su realidad. Si mira hacia el norte verá sobre su territorio (el papel) una línea recta que sobresale apenas en su "suelo" y que se extiende desde el este al oeste, en toda la extensión que puede ver. Si mira hacia el sur, verá lo mismo, una línea recta que cruza todo su horizonte. ¿Cuál es su realidad? ¿Qué debería describir el insecto si fuera un insecto científico? ¿Y qué vemos nosotros, que tenemos la hoja en la mano?

Seguramente interpretará que existe una línea recta que recorre todo su horizonte, mire hacia donde mire. No podrá ni siquiera imaginar la idea de un círculo, idea que difícilmente exista en su realidad. Su descripción científica debe ser asumida *por nosotros* con las limitaciones de su percepción de la realidad. No podemos mezclar en las leyes científicas que describen la realidad, información de la que disponemos por estar ubicados en otra posición. El observador privilegiado debe dejar paso a un observador más sagaz, aquel que describe el mundo como él lo ve y como lo ven todos los observadores de un tipo particular. Nadie, ni siquiera el científico, debe poseer información privilegiada. Pero lo más importante, el acercamiento al mundo debe ser puro, es decir, sin mezclar distintas realidades provenientes de distintos observadores.

Cuando nosotros describimos la realidad, debemos prescindir de nuestro conocimiento obtenido por otros medios para mostrar las diversas realidades por separado. Dejar a un lado lo que sabemos y utilizar lo que sabemos que sabe el observador, en este caso el insecto. Esto implica dejar de lado el *observador omnipresente* y ponernos, ante cada descripción matemática, en el lugar apropiado para que las ecuaciones describan una sola realidad por vez, la de aquel observador que queremos estudiar o representar. No podemos ser el observador omnipresente porque estaríamos mezclando cosas que observamos nosotros con cosas que observa otro.

Cuando Einstein nos muestra que diferentes observadores están viendo realidades diferentes, que ambos validan como reales y que coexisten, nos está dando la base cierta de la teoría de la Relatividad, el fundamento sólido para la descripción del mundo. Lo que podríamos denominar, no sin cierta ampulosidad, el Principio de la Relatividad Pura.

La enorme potencia de las ideas de Einstein deriva de este principio. Podríamos enunciarlo de este modo: la física ha renunciado a la descripción *absoluta* de la realidad al incluir en sus leyes físicas la posición particular de cada observador. La observación (medición) de la realidad pasa a ser protagonista de las leyes físicas. En adelante, no podrá establecerse una verdad absoluta y total desde el punto de vista de un observador omnipresente y omnisciente, sino que el observador será parte de las leyes que él mismo describe.

Ese es el sentido último y poderoso de la Relatividad. Las cosas existen en la medida que un observador las describe. Y el observador describe lo que experimenta, con independencia de otros observadores y sin tener en cuenta sus otras propias "realidades". La visión, en cada momento, debe ser pura, proveniente de un solo punto de vista.

En los años posteriores a 1915 se desarrollarán a partir de este principio extraordinarias ideas científicas. Toda la mecánica cuántica debe su existencia a la ratificación primero y a la profundización después, de este principio básico que está contenido en aquel sencillo dibujo que mostramos en la Figura 1, que repetimos aquí en forma de homenaje.

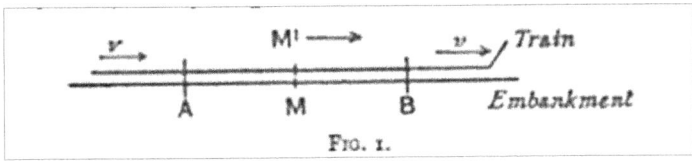

Figura 1.-

El famoso Principio de Incertidumbre de Heisenberg y la Ecuación de Onda de Schroedinger son solamente dos ejemplos de la altura científica a las cuales llegaron los físicos del siglo XX siguiendo esta simple idea del genial Einstein. La inclusión del observador en la realidad observada y descripta según el método científico nunca más volvió a estar en duda. Si bien existen áreas donde aún parece que no termina de obedecerse este principio, los mayores alcances teóricos y aplicados se lograron gracias a él.

Llegados a este punto, podemos continuar con la crítica a los resultados de la teoría de la Relatividad sólo con la condición de que asumamos como irrenunciable este Principio. Si no estamos dispuestos a mantener su validez hasta el final, es preferible abandonar estos escritos y renunciar a la solidez y a la perfección de la teoría.

Veremos y demostraremos cómo el mismo Einstein no pudo sostenerlo hasta el final de sus especulaciones y cometió algunos errores inesperados, la mayoría de los cuales son atribuibles al abandono de este Principio fundamental. En efecto, en el mismo libro Relatividad de 1920 donde presenta por primera vez su teoría unificada, y donde debía establecer la inviolabilidad de dicho principio, Einstein lo abandona sin darse cuenta, y lo deja caer, hiriendo de muerte a la descripción matemática de su propia teoría.

Las matemáticas de la Relatividad

Ahora examinaremos la forma en que Einstein deduce las matemáticas básicas de la Relatividad. Las deduciremos junto con él, de la misma manera que él lo hace en el libro que tomamos como base para estos escritos, *Relatividad* de 1920. Y veremos, sencillamente, los errores a medida que aparecen. El lector, aunque totalmente nuevo en matemáticas, se sorprenderá que un genio como él pueda haber cometido errores tan obvios. Para eso usaremos el álgebra más elemental y, sin ninguna complicación, perfectamente entendible para todos. A continuación, en otros escritos, haremos nuestro propio camino y llegaremos a la verdadera matemática de la Relatividad, bastante distinta a la que Einstein nos mostró.

Para comenzar este viaje, primero debemos hacer algunas precisiones a fin de establecer claramente desde donde partimos. Para ello, asumiremos que todos los hechos que vamos a relatar se llevan a cabo en un sistema de espacio y de tiempo donde no existe la gravedad. Esta es la misma situación que planteó Einstein cuando presentó, en la primera parte del libro citado, la teoría de la Relatividad Especial (SR).

Por otra parte, recordemos que lo que Einstein quería lograr eran las ecuaciones que le permitieran transformar el movimiento de un cuerpo en un sistema inercial, en otro movimiento respecto de otro sistema inercial. Es decir, conociendo la velocidad, la ubicación y el tiempo de un cuerpo en un sistema, cómo hallar los mismos parámetros para otro sistema que se moviera a su vez respecto del primero.

Hecha esta salvedad, presentaremos el caso del mismo modo que lo hizo Einstein. Para ello, él usó el siguiente diagrama.

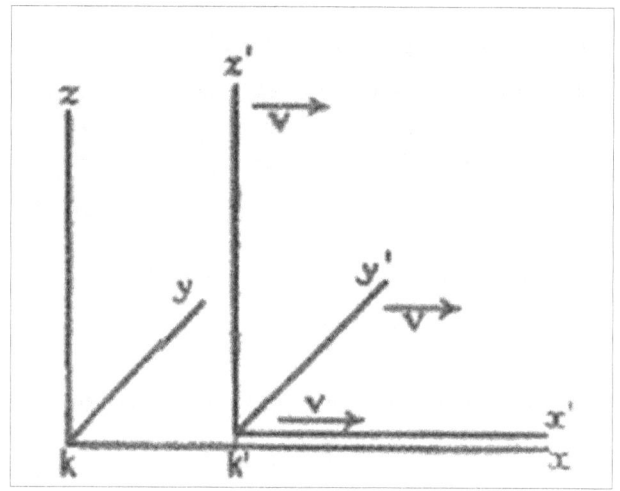

Figura 2.

Este es el diagrama original presentado por Einstein. Existe un sistema, que denominaremos K', que se mueve respecto de otro sistema, denominado K. La velocidad de K' respecto de K es v, y el movimiento se produce sólo respecto del eje x. Así, las coordenadas en K' serán x', y' y z', mientras que en K las coordenadas son x, y, z.

A continuación, revisemos la versión original de Einstein de la deducción de las ecuaciones principales de la Relatividad. Presentamos la versión en inglés para mayor fidelidad.

Anexo I (Textual)[3]

For the relative orientation of the co-ordinate systems indicated in Fig. 2[4], the x-axes of both systems permanently coincide. In the present case we can divide the problem into parts by considering first only events which are localized on the x-axis. Any such event is represented with respect to the co-ordinate system K by the abscissa x and the time t, and with respect to the system K' by the abscissa x' and the time t'. We require to find x' and t' when x and t are given.

A light-signal, which is proceeding along the positive axis of x, is transmitted according to the equation

$$x = ct \qquad (1)$$

or

$$x - ct = 0 \qquad (1)$$

Since the same light-signal has to be transmitted relative to K' with the velocity c, the propagation relative to the system K' will be represented by the analogous formula

$$x' - ct' = 0 \qquad (2)$$

Those space-time points (events) which satisfy (1) must also satisfy (2). Obviously this will be the case when the relation

$$(x' - ct') = \lambda (x - ct) \qquad (3)$$

---

[3] Copia textual del libro Relativity de 1920.
[4] Fig. 2 en nuestro texto. (N del A)

is fulfilled in general, where λ indicates a constant; for, according to (3), the disappearance of (x − ct) involves the disappearance of (x' − ct').

If we apply quite similar considerations to light rays which are being transmitted along the negative x-axis, we obtain the condition

$$(x' + ct') = \mu (x + ct) \qquad (4)$$

By adding (or subtracting) equations (3) and (4), and introducing for convenience the constants a and b in place of the constants λ and μ where,

$$a = (\lambda + \mu) / 2$$
$$b = (\lambda - \mu) / 2$$

we obtain the equations

$$x' = ax - bct \qquad (5)$$
$$ct' = act - bx$$

We should thus have the solution of our problem, if the constants a and b were known. These result from the following discussion.

For the origin of K' we have permanently x' = 0, and hence according to the first of the equations (5)

$$x = bct / a$$

If we call v the velocity with which the origin of K' is moving relative to K, we then have

$$v = bc / a \qquad (6)$$

The same value v can be obtained from equations* (5), if we calculate the velocity of another point of K' relative to K, or the velocity (directed towards the negative x-axis) of a point of K with respect to K'. In short, we can designate v as the relative velocity of the two systems.

Furthermore, the principle of relativity teaches us that, as judged from K, the length of a unit measuring-rod which is at rest with reference to K' must be exactly the same as the length, as judged from K', of a unit measuring-rod which is at rest relative to K. In order to see how the points of the x'-axis appear as viewed from K, we only require to take a "snapshot" of K' from K; this means that we have to insert a particular value of t (time of K), e.g.† t = 0. For this value of t, we then obtain from the first of the equations (5)

$$x' = ax$$

Two points of the x'-axis which are separated by the distance $\Delta x' = 1$‡ when measured in the K' system are thus separated in our instantaneous photograph by the distance

$$\Delta x = 1 / a \qquad (7)$$

But if the snapshot be taken from K' (t' = 0), and if we eliminate t from the equations (5), taking into account the expression (6), we obtain

$$x' = a (1 - v^2 / c^2) x$$

From this we conclude that two points on the x-axis and separated by the distance 1 (relative to K) will be represented on our snapshot by the distance

$$\Delta x' = a (1 - v^2 / c^2) \qquad (7a)$$

But from what has been said, the two snap-shots must be identical; hence Δx in (7) must be equal to $\Delta x'$ in (7a), so that we obtain

$$a^2 = 1/(1 - v^2/c^2) \quad (7b)$$

The equations (6) and (7b) determine the constants a and b. By inserting the values of these constants in (5), we obtain the first and the fourth of the equations given in Section XI

$$x' = (x - vt)/(1 - v^2/c^2)^{1/2} \quad (8)$$

$$t' = (t - vx/c^2)/(1 - v^2/c^2)^{1/2}$$

+++

Hasta aquí el desarrollo de Einstein. Las ecuaciones finales se denominan Transformación de Lorentz ya que fueron desarrolladas por H. A. Lorentz, científico holandés, para aplicarlas a campos electromagnéticos. Sin embargo, a partir de que Einstein llega a este mismo resultado, las ecuaciones pasan a ser la piedra angular sobre la que se basan todas las aplicaciones prácticas de la Relatividad.

Crítica a las matemáticas de Einstein

Finalmente, hemos replicado el desarrollo matemático de Einstein, que se incluye en el Anexo I del libro Relatividad de 1920. Veremos en forma detallada los errores que extrañamente comete Einstein en la deducción de las mismas y cómo estos errores conducen, a su vez, a errores conceptuales importantes.

1.- El primer error que comete Einstein consiste en no identificar adecuadamente donde se encuentra el observador que escribirá las ecuaciones. Hemos visto en los apartados anteriores que es imprescindible saber desde qué punto o desde qué sistema de referencia se describirán matemáticamente los hechos y las variables. En el desarrollo original se adopta un sistema de referencia denominado K' que se mueve respecto de otro sistema de referencia denominado K. Pero nada se dice del observador. Se calculan ecuaciones como si el observador estuviera en todos lados y en todos al mismo tiempo, es decir, fuera omnipresente. Y pudiera saber al mismo tiempo lo que está pasando en ambos sistemas.

Esto forzosamente conduce a distorsiones, dado que la Relatividad implica la descripción de movimientos en un sistema respecto de otro sistema. En todo caso, el observador debe estar en el sistema de referencia sobre el cual se van a plantear las incógnitas. Pero no se define de este modo, se usan variables sin definir, y por lo tanto las conclusiones serán necesariamente confusas.

Por otro lado, hemos visto que aun cuando indiquemos a qué sistema pertenece el observador, es igualmente importante indicar la posición exacta del mismo, puesto que las transformaciones buscadas variarán según el punto de ubicación del observador.

2.- En la misma línea de pensamiento del punto anterior, podemos ver que se define que el sistema de referencia K' se mueve con respecto del sistema K a una velocidad v. Sin embargo, Einstein no define adecuadamente la velocidad v: ¿Es la velocidad de K' respecto de K medida por K' o medida por K?

Como veremos más adelante, es diferente si la velocidad de movimiento del objeto de que se trate se mide desde el objeto o desde el sistema de referencia en el cual se mueve el objeto. Esto es así, porque la información del movimiento demorará en llegar al observador, porque nada es instantáneo. Si el observador está en el mismo objeto que se mueve, podrá medir la velocidad probablemente reduciendo el impacto de la transmisión de la información a valores despreciables. Si está en un sistema de referencia en movimiento relativo, el impacto de la transmisión de la información será mayor.

3.- En este caso, Einstein plantea dos sistemas en movimiento, pero ningún objeto. Podemos asumir que existe un objeto puntual que se mueve junto con el sistema K' respecto del sistema K. Es equivalente a que supongamos que existe un sistema de coordenadas inercial que viaja junto con el objeto. Es decir, en este caso sería un objeto puntual en reposo respecto del sistema K' y que, por tanto, se está moviendo con velocidad v respecto de K.

Sin embargo, lo que Einstein calcula son las coordenadas de espacio y de tiempo x' y t' que corresponden al sistema K'. Es decir, para aumentar la confusión acaso deliberadamente, nos plantea como incógnitas x' y t' a ser deducidas en base a x y t, siendo estas últimas las que corresponden al sistema K. Pero si queremos calcular x' y t' en el sistema K' y partimos de la base de que en el mismo K' hay un punto rígidamente fijado a él (en reposo), x' y t' serán constantes y no habrá nada que calcular. Dicho de otro modo, el sistema K' no tiene ningún punto moviéndose por lo tanto x' y t' no varían.

El único modo será imaginar un punto dentro de K' moviéndose respecto de K' pero para eso deberíamos definir una velocidad, que podríamos llamar v'. Pero Einstein no lo hace. No existe ninguna velocidad v' de un objeto "dentro" de K', la única es v, que es la velocidad propia del sistema K' respecto de K.

Parecería, en otra interpretación posible, que Einstein quiso deducir un caso de relatividad de segundo orden. Es decir, un cuerpo que se mueve respecto de K' con una velocidad v' (la cual modifica a x' y a t') y donde a su vez K' se mueve respecto de K a una velocidad v. Decimos "pareciera" porque de lo contrario no existe una explicación para semejante desorden de variables mal definidas.

Esta alternativa se robustece cuando Einstein hace aparecer un rayo de luz, lo cual podría ser un objeto en movimiento como pensamos. Pero si el haz de luz es el objeto del cual queremos calcular la velocidad o las coordenadas de espacio y tiempo, está francamente mal elegido puesto que una de las premisas del cálculo es el axioma de que la luz se mueve con igual velocidad respecto de cualquier sistema. Bastaría decir x = ct y x' = ct' para tener las transformaciones buscadas.

4.- El problema de la no definición de las variables, se vuelve más grave aún en este último caso cuando Einstein plantea que un rayo de luz pasa por ambos sistemas con velocidad c. Einstein parte del postulado, que ya aceptamos, que la luz se mueve con igual velocidad c respecto de cualquier sistema inercial. No existe para la luz una velocidad menor ni mayor, es exactamente c siempre, en cualquier condición. Entonces, muy alegremente plantea dos ecuaciones

$$x = ct \qquad (9)$$

$$x' = ct' \qquad (9)$$

Y aquí comete el principal de los errores. Ambas ecuaciones son ciertas, y esto es lo más curioso y lo que lo condujo al error. Ambas ecuaciones son correctas, ambas son reales al mismo tiempo, pero no pueden incluirse en la misma ecuación. Es decir, no puede decirse que como la distancia x es ct y x' es ct' entonces ambas cosas las pongo al mismo tiempo en una ecuación.

¿Por qué? Pues bien, si considero en una ecuación ambas realidades estoy poniendo al observador en dos lugares distintos al mismo tiempo. No importa que para cualquier observador ambas ecuaciones sean válidas. Lo que importa es que el observador no puede estar en dos lugares al mismo tiempo, no puede ser omnipresente. Es más claro aún: si el observador pudiera considerarse omnipresente y, por tanto, omnisciente, entonces no existiría la relatividad, puesto que sabría todo lo que ocurre en el momento mismo que ocurre, y la transferencia de información se estaría realizando a una velocidad infinita.

Como hemos visto hasta acá, la Relatividad se trata de sucesos y observadores. Los rayos en el tren y el pasajero. Más adelante veremos una bala que se dispara y una persona que mide su velocidad. El observador, por tanto, debe estar en un solo punto, y por más que sepa de antemano lo que va a ocurrir y las leyes que siguen los sucesos, no puede calcular las variables como si estuviera en ambos (todos) lados al mismo tiempo.

Sencillamente, si adoptamos (equivocadamente) un observador omnipresente para describir los sucesos, pues entonces no necesitamos ninguna transformación de Lorentz ni de nadie. Simplemente ya sabemos lo que ocurre.

5.- Otro elemento sencillo que nos permite inferir que no se pueden mezclar las dos ecuaciones de la página anterior en una sola, puede demostrarse como sigue:

Como veremos más adelante, por acción de la relatividad las longitudes se acortan y el tiempo se alarga. Es decir, un objeto en movimiento a suficiente velocidad es medido como más corto y su tiempo como más largo. A este fenómeno se le llama *contracción del espacio y dilatación del tiempo*. Si las ecuaciones de la página anterior se mezclaran, la resultante sería

$$x / x' = t / t' \qquad \text{(errado)}$$

Esta ecuación nos está diciendo que si la distancia se contrae también se contrae el tiempo, y esto es exactamente lo opuesto a lo que se pregona y a lo que se ha verificado. La contracción del espacio va siempre ligada a una dilatación del tiempo.

Debemos mencionar aquí que el fenómeno de contracción de espacio y dilatación del tiempo se ha verificado físicamente en varias ocasiones para objetos en movimiento a altas velocidades[5].

Esta es una predicción de la teoría de la Relatividad que se considera probada experimentalmente. Sin embargo, como vemos, las matemáticas que hizo Einstein deberían conducir a un resultado totalmente opuesto al observado si fueran ciertas. Por lo tanto, el argumento nos hace constatar una vez más que Einstein hizo las matemáticas equivocadas.

Veremos más sobre contracción de longitudes y dilatación del tiempo en el capítulo siguiente.

6.- Otro aspecto que conspira seriamente contra la pertinencia de reunir las ecuaciones (9) en una sola es que hacerlo significaría que el observador puede conocer x y x' o t y t' al mismo tiempo y con igual cualidad (calidad). Esto no es posible para un observador real teórico. Las mediciones, como hemos visto, son parte integrante de los fenómenos que se miden y por tanto no pueden ser pasibles de conocimiento inmediato a velocidad infinita. Las variables de tiempo y espacio están sujetas a las mismas restricciones. Esto hace que sea meridiana la imposibilidad de reunir ambas ecuaciones en una sola.

---

[5] Ives y Stilwell (1938,1941), Rossi y Hall (1941) y Pound y Rebka (1959)

6.- Finalmente, otro error es evidente, pero éste es el más sencillo: uno podría preguntarse qué es x' y qué es t', las variables que Einstein calculó. ¿Qué son? ¿A qué cuerpo corresponden? ¿Cuál es el objeto que tiene una coordenada x' modificada respecto de x? ¿Qué es el tiempo t' y quien lo mide? No hay respuesta para lo más elemental: las variables que calculamos, ¿a que corresponden? No hay respuesta.

***

Como conclusión hasta aquí: a raíz de una defectuosa definición de las variables que se requiere transformar desde un sistema a otro sistema, las ecuaciones encontradas terminan siendo equivocadas y todo el desarrollo matemático de la Relatividad queda seriamente comprometido.

Parece extraordinario que una persona con la inteligencia de Einstein pueda haber cometido semejantes errores en la formulación matemática. La versión más benévola de lo que sucedió podría ser atribuirle a la premeditación los errores. Es decir, Einstein ya sabía de antemano lo que debía probar, y usó y adecuó las matemáticas necesarias para probar lo que deseaba probar. Para poder hacerlo, tuvo que dejar ciertas cosas en la oscuridad. El problema acontece cuando, mediante el uso de matemáticas confusas, se llega luego a conclusiones erradas inducidas por aquella.

Para poner un solo ejemplo de cómo las matemáticas equivocadas conducen a errores conceptuales, las ecuaciones finales de x' y t' a las que arriba Einstein muestran una simetría total respecto de las variables de movimiento. Es decir, da lo mismo que midamos el espacio y el tiempo para un objeto que se acerca como para uno que se aleja de nosotros. El hecho de que la velocidad del sistema (o del objeto) esté elevada al cuadrado nos indica que el sentido del movimiento no afecta a la disminución de la velocidad medida. Esto es una conclusión que, como veremos más adelante, no es sostenible en un análisis real del movimiento y de la medición.

LA NUEVA FORMULACION

El núcleo duro de la Relatividad real

Siguiendo unas ideas muy simples y un razonamiento muy elemental, hemos llegado a conclusiones muy interesantes, que podemos sintetizar como sigue. Éstas son las bases de la nueva formulación de la Relatividad.

(i) Las leyes físicas deben describir la realidad asumiendo la posición de un observador, cuya influencia formará parte de esas mismas leyes.

(ii) La velocidad de la luz es el límite físico infranqueable para que la información llegue al observador.

El punto (ii) en realidad no ha sido una conclusión de nuestro razonamiento, pero bien podemos aceptarla con suficiente grado de certeza. Si las conclusiones a las que arribaremos no la desmienten y en cambio la incorporan a la teoría, podemos suponer que ha sido ratificada. Dejaremos esta confirmación para más adelante.

Estas mismas bases son las que utiliza Einstein en el ejemplo de la Figura 1 para demostrar que distintos observadores llegarán a distintas conclusiones sobre hechos de la realidad. La tarea del científico será, entonces, descubrir las leyes de transformación que convierten la descripción matemática que hace un observador en la que hace otro en diferente condición. Este es el meollo del problema que condujo a la edificación de la teoría de la Relatividad. Las transformaciones matemáticas nos dirán, entonces, cómo se comportan los objetos al pasar de un sistema a otro. O mejor dicho como se describirá el movimiento de un objeto visto desde distintos marcos de referencia (sistemas).

Einstein elaboró el ejemplo del tren para demostrar que, con las limitaciones dadas por (i) y (ii) las leyes se mantenían invariantes cuando pasaban de un sistema a otro mediante unas transformaciones matemáticas que él dedujo. Esas deducciones son la base matemática de la teoría de la Relatividad y no han sido discutidas por los científicos en los últimos cien años.

A su vez, estas transformaciones debían ratificar los dos principios básicos enunciados y servir para describir los procesos físicos que observamos en la naturaleza.

Ahora, siguiendo únicamente esos dos principios rectores que conforman el núcleo duro de la Relatividad, deberemos revisar las matemáticas a ver si realmente son las que deben ser para describir los fenómenos naturales en diferentes sistemas, independientes entre sí.

Para ello, tomaremos el ejemplo de Einstein de partir desde ejemplos muy simples. Llevando adelante esta idea, podemos partir de ejemplos mucho, pero mucho, más simples que el de Einstein y comenzar a andar el camino. Por ejemplo, podemos pensar qué sería de la Relatividad si no hubiera cuerpos en movimiento.

A simple vista, cualquier lector desprevenido debería pensar que las verificaciones de la teoría deberían aplicarse de igual modo, si es que esta teoría va a describir realmente el Universo. El hecho de que los cuerpos se muevan, cada uno en un sistema de referencia distinto inclusive, es un accidente.

La teoría de la Relatividad, la verdadera, debe cumplirse aun en la ausencia de movimiento. Es la teoría de la luz, de sus propiedades y de lo que ella representa dentro del Universo, de tal modo que podremos demostrar, sencillamente, que habiendo luz hay relatividad.

Relatividad sin movimiento

Pero volvamos al ejemplo del tren. El pasajero que se encuentra dentro del vagón verá el destello de B antes que el de A, como dijimos, mientras que el observador que se encuentra en la plataforma verá ambos destellos en forma simultánea. Ese es el enunciado de Einstein del problema que el usa para destacar que, merced a la velocidad finita y acotada de la luz, y a que el tren se encontraba en movimiento, el concepto de simultaneidad deja de ser absoluto para transformarse en una cualidad que solamente algunos espectadores ven.

Sin embargo, una revisión crítica sencilla de este ejemplo nos muestra que en el esquema que usa Einstein algunas cosas sobran. No hace falta el tren ni el pasajero dentro del vagón para demostrar que la velocidad acotada de la luz destruye la simultaneidad absoluta.

Pongamos nosotros nuestro propio ejemplo, sin tren ni pasajero. Supongamos un observador quieto ubicado en una plataforma en reposo donde caen simultáneamente dos rayos. El gráfico sería como se muestra en la Figura.

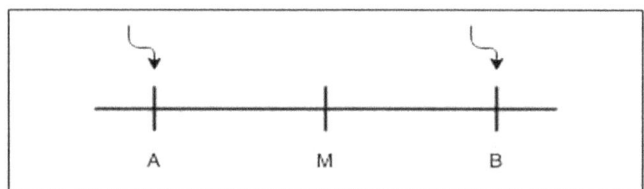

Figura 3.

El observador, ubicado en M, verá simultáneamente caer las dos descargas al mismo tiempo y dirá que ambas ocurrieron en un instante T_0.

Ahora analicemos qué ocurre si el observador se mueve de la posición M al lugar indicado como P en el gráfico de la Figura 3. Suponemos que el observador se mueve en algún momento, pero no nos importa saber cómo lo hace ni cuando lo hace. Podría tratarse de un observador diferente ubicado en el punto P y en otro instante de tiempo.

Figura 4.

Es evidente y a nadie se le ocurriría discutir que el observador verá antes el rayo de B que el de A. Y que exactamente lo contrario ocurre si el observador se mueve a un lugar que estuviera a la izquierda de A en el esquema de la Figura 4.

Como vemos en forma simple y sencilla hemos logrado reproducir un fenómeno puramente relativista sin tener objetos en movimiento ni sistemas de referencia diferentes, que compliquen el entendimiento del problema.

La causa última que provoca este efecto es la velocidad finita de la luz. Es decir, la luz no se propaga, como creían los físicos hasta bastante tiempo antes de Einstein, con velocidad infinita. Si así fuera, el observador vería lo mismo en cualquier posición en que se encontrara, y vería siempre ambos rayos en forma simultánea. En realidad, sólo cuando se encuentra equidistante de ambos sucesos, puede verlos como que ocurren en el mismo instante, pero sólo en ese caso.

En la práctica, sin embargo, el efecto no es apreciable a simple vista dadas las magnitudes involucradas. Como la luz se mueve a 300,000 km/seg, o sea trescientos mil kilómetros por segundo, el efecto no es apreciable salvo que los puntos A y B y el observador se encuentren a distancias enormes. Para darnos una idea, a la velocidad de la luz, ésta tarda poco más de un segundo en viajar desde la Tierra a la Luna. Es decir, este "experimento" sería bastante difícil de hacer en condiciones reales apreciables por el ojo humano. En la práctica y asumiendo unos pocos kilómetros de distancia entre los rayos, la luz tarda una millonésima de segundo en recorrer la distancia y el ojo no la percibe. Pero existen instrumentos y laboratorios donde una y otra vez se mide la luz reproduciendo un experimento muy similar a éste.

Ahora bien, si este experimento tan sencillo puede demostrarnos que la Relatividad se cumple en cualquier circunstancia, ¿qué lo llevó a Einstein a proponernos un experimento más complicado, con tren, plataforma, pasajero, etc. etc.? ¿Acaso hay algo escondido en el experimento del tren que signifique algo más que el sencillo ejemplo de este capítulo?

¿Qué diferencia al pasajero del tren viajando hacia uno de los sucesos, de nuestro ejemplo simple de la luz viajando hacia el observador? Hasta donde la razón alcanza a ver, no hay ninguna diferencia entre un caso y el otro. ¿Acaso el hecho de que uno de los puntos se encuentre en movimiento marca alguna diferencia en el comportamiento de la luz? ¿Y si se trata de poner un ejemplo que demuestre el efecto que produce que la luz tenga una velocidad no infinita, no es lo mismo dos puntos fijos en lugar de uno móvil y uno fijo?

Podemos afirmar que no hay nada escondido, ni ninguna teoría "oculta" que diferencie nuestro experimento simplón del experimento propuesto por Einstein. Las razones de por qué se complicó y nos complicó el razonamiento, las intentaremos deducir más adelante.

En efecto, lo que Einstein mostraba en su ejemplo, no era más que el efecto de que la información que recibía el pasajero sobre el tren viajaba a una velocidad cierta. Eso hace que el pasajero vea un suceso primero y el otro después. Nosotros, en nuestro ejemplo, mostramos exactamente el mismo efecto sin nada que se mueva, ni trenes, ni rieles ni pasajeros.

En física siempre se elige la explicación más fácil, la deducción más directa, el experimento más sencillo, el camino más corto.

El observador y el mundo

Hay otro efecto subyacente a revisar en nuestro ejemplo. Como puede comprobarse fácilmente, la posición del observador es relevante a la hora de realizar su observación. No hay dos lugares en el sistema que hemos planteado donde la percepción del observador sea igual a otra. En todas recibirá una información diferente, aunque las diferencias sean mínimas. Este hecho, por demás claro, no fue tenido en cuenta por Einstein al elegir el ejemplo del tren, en el cual el observador M tiene evidentemente una posición privilegiada de entre todas las posibles. También la posición del tren en movimiento es especial, dado que podría haber elegido cualquier otra, aunque en este caso lo hizo para hacer un evidente paralelismo entre las posiciones de M y M'.

Dejamos por el momento para más adelante lo más notable aún: esto es que las ecuaciones que obtiene la teoría de la Relatividad para evaluar el cambio de un sistema a otro, como veremos, son absolutamente simétricas con relación a la posición del observador respecto del evento observado. Es decir, la ignoran totalmente.

Hagamos un alto aquí para revisar la definición que da Einstein del continuo espacio-tiempo. Repasemos lo que dice en Relatividad de 1920.

"Space is a three-dimensional continuum. By this we mean that it is possible to describe the position of a point (at rest) by means of three numbers (co-ordinates) x, y, z, and that there is an indefinite number

of points in the neighbour-hood of this one, the position of which can be described by co-ordinates such as x1, y1, z1, which may be as near as we choose to the respective values of the co-ordinates x, y, z of the first point. In virtue of the latter property we speak of a "continuum," and owing to the fact that there are three co-ordinates we speak of it as being "three-dimensional."

Similarly, the world of physical phenomena which was briefly called "world" by Minkowski is naturally four-dimensional in the space-time sense. For it is composed of individual events, each of which is described by four numbers, namely, three space co-ordinates x, y, z and a time co-ordinate, the time-value t. The "world" is in this sense also a continuum; for to every event there are as many "neighbouring" events (realised or at least thinkable) as we care to choose, the co-ordinates x1, y1, z1, t1 of which differ by an indefinitely small amount from those of the event x, y, z, t originally considered."

Pues bien, nuestro ejemplo tan simple y evidente nos muestra que, en un continuo como sistema de referencia, la percepción de los observadores dependerá de la posición que ocupen respecto del sistema o de los eventos observados. Y, congruentes con la definición que Einstein nos da, en el continuo habrá tantas percepciones posibles como infinitos lugares donde ubicarse.

La velocidad finita de la luz es la responsable de que la forma de percibir los eventos dependa del lugar en que nos encontremos respecto de esos mismos eventos. Si este efecto era lo que la teoría nos quería mostrar, es claro que el autor se tomó demasiado trabajo al hacerlo.

Hasta aquí hemos demostrado que, aún con observadores en reposo viendo un par de sucesos más o menos lejanos, la Relatividad distorsiona las percepciones de unos y de otros de modo natural. Einstein parte de su ejemplo famoso del tren, mientras que nosotros podemos apreciar la Relatividad de un modo más natural y simple.

Ahora bien, partiendo de su ejemplo del tren, Einstein deduce las ecuaciones matemáticas que permiten (según él) describir el movimiento del tren visto desde la plataforma y viceversa. En un capítulo anterior seguimos paso a paso sus deducciones y nos encontraremos con la sorpresa de que el genio cometió más de un error matemático en el camino. Dichos errores, que habrá que ver hasta dónde comprometen el fondo de su teoría, nos llevan a conclusiones no acertadas y a deducciones francamente equivocadas.

Veamos cómo nosotros podemos continuar describiendo las cosas que ocurren a nuestro alrededor mediante la teoría de la Relatividad.

Relatividad en movimiento

En el capítulo *Relatividad sin movimiento* vimos cómo la teoría de la Relatividad se aplica a espacios donde no existe ni siquiera un objeto en movimiento. Si lo pensamos un poco, una teoría que pretenda describir cómo funcionan las cosas en el Universo, debe tener aplicación en cualquier sitio y en toda circunstancia, aún en situaciones elementales y básicas. No podría ser de otro modo.

Pero no fue ese ejemplo el que despertó mis profundas dudas sobre las ecuaciones de Einstein del movimiento relativo. En realidad, desde hacía tiempo me provocaba cierta incomodidad la matemática empleada por Einstein. Me resultaba demasiado encapsulada, como si fuera un envoltorio perfecto que no permitiera ir más allá. Las ecuaciones no tenían modo de ser penetradas o presentadas en forma alternativa.

Pero fue cuando comprendí en profundidad el sentido de la teoría cuando me di cuenta que debía poder aplicar sus matemáticas en cualquier circunstancia o ejemplo. Matemáticas tan elegantes y perfectas debían poder aplicarse a ejemplos más simples, aunque las desviaciones fueran imperceptibles. Me propuse un ejemplo simple y directo. Y ahí fue donde caí en la cuenta que desde hace más de cien años hemos estado haciendo las matemáticas equivocadas.

Relataré el orden en el cual fueron surgiendo mis ideas, a partir de, como dije, un ejemplo muy simple y llano. Pido disculpas a los lectores entrenados en física por tener que soportar este ejercicio, que es propio de Algebra de colegio secundario, ni siquiera universidad.

El ejemplo fue como sigue: imaginemos un arma de fuego que dispara una bala que hace reventar un globo ubicado a suficiente distancia. Intentaremos calcular los variables físicas del movimiento de la bala (distancia, tiempo, velocidad), vistas por un observador. Supongamos que, por los datos del arma, podemos saber cuál es la velocidad de la bala en su recorrido, V_b y tratemos de comprobarla como lo haría un observador provisto de un reloj y de un metro.

El esquema sería el que se muestra en la Figura 5.

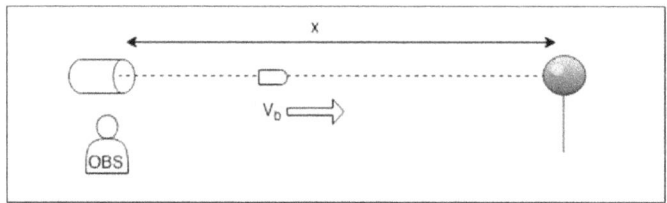

Figura 5.

El observador se encuentra al lado del arma de la cual sale la bala, por tanto, puede ver en el mismo instante el momento en que se dispara y encender su cronómetro. Un tiempo después verá que el globo explota. Sabemos, por los datos del arma, que la bala viaja con una velocidad V_b. Eso significa que la bala recorrerá la distancia x en un tiempo t_b, dado por:

$$t_b = x / V_b$$

Sin embargo, el observador no verá la explosión del globo sino hasta un instante después, dado que la imagen del globo cuando explota demora un tiempo en llegar al observador puesto que tiene que recorrer de regreso la distancia x. La luz recorrerá esa distancia a la velocidad c, velocidad que es constante en todo sistema de coordenadas. La luz demorará un tiempo t_i (imagen) hasta llegar de regreso al observador, donde

$$t_i = x / c$$

Digamos que el observador verá la explosión del globo en un tiempo t_t contado a partir del disparo del arma, donde

$$t_t = t_b + t_i = x / V_b + x / c$$

El observador detiene su cronómetro cuando ve que el globo explota, es decir en el instante t_t. Por lo tanto, si le preguntamos a qué velocidad ha viajado la bala, el observador que conoce la distancia a la cual estaba el globo, hará la siguiente cuenta para calcular la velocidad real (real para él)

$$V_r = x / t_t = x / (x / V_b + x / c) = 1 / (1 / V_b + 1 / c)$$

$$V_r = V_b / (1 + V_b / c)$$

Como vemos, la velocidad medida por el observador es menor que la velocidad de la bala según se indica en el manual del arma que tenemos y que damos por cierta. Como veremos en el escrito siguiente, la velocidad a la que viaja la bala es realmente V_b. Sin embargo, eso no es lo que medimos. ¿Qué es lo que ha cambiado? Pues nada. Simplemente que lo que medimos en la realidad no coincide con lo que se supone que debe ser por el simple hecho de que usamos la luz para medir. Y que la luz, como cualquier otro objeto de nuestra realidad, no puede tener una velocidad infinita. Eso es la Relatividad, ni más, ni menos.

Es necesario puntualizar que si no utilizáramos la luz para saber cuál ha sido el instante en que la bala lleva al globo, con cualquier otro sistema el resultado sería el mismo. Por ejemplo, si la explosión del globo activara una alarma que enviara una señal eléctrica hasta nosotros, el resultado no se alteraría en lo más mínimo, dado que la señal eléctrica demoraría lo mismo o aún más que la luz en llegar a la posición del observador.

Esta simple deducción que hicimos, propia de un problema de física de la mitad de la escuela secundaria, y utilizando unas herramientas de álgebra más elementales aún, encierra todo el "misterio" de la Relatividad. Nuestro ejemplo es plenamente representativo de toda la multitud de fenómenos que se describen como parte de la teoría de la Relatividad. Toda la fantasía creada alrededor de la teoría, con sus paradojas y sus fenómenos poco más que esotéricos que se han descripto desde 1915 hasta hoy, no son más que marketing y fábulas. Muchos divulgadores científicos e inclusive muchos científicos verdaderos, han creado toda una mitología respecto de la teoría, que en nada ha ayudado, más bien ha entorpecido su conocimiento cabal.

Einstein mismo ha contribuido a su oscurecimiento y a la fantasía que dice que sólo pocas personas son capaces de entender la teoría misma. Luego de formulada la versión original, Einstein se dedicó a complicar arbitrariamente las matemáticas que la describen, introduciendo tensores y herramientas de matemáticas elevadas. Una maniobra totalmente innecesaria, salvo para confundir e impresionar.

Se decía que, en vida del genio, sólo existían cuatro personas que podían entenderla. Nada más errado. El que no la entiende es porque no quiere o porque prefiere que siga siendo una leyenda, más que una descripción de cómo funcionan las cosas en este mundo.

Sistemas de referencia

Imaginemos que, en el ejemplo anterior de la bala, ubicamos un pequeño insecto inteligente que viaja montado sobre la bala. Nuestro insecto es lo suficientemente pequeño como para estar sobre la bala aún antes de que ésta sea disparada. Y lo suficientemente inteligente como para hacer una tarea que nosotros le encargamos. Posee en su poder un reloj, también muy pequeño. Y supongamos que, a lo largo de la trayectoria que sigue la bala, colocamos una regla con marcas cada un centímetro.

Una vez disparada la bala, el insecto irá viendo pasar las marcas de la regla e irá midiendo el tiempo. Si podemos dotarlo de un anotador y un lápiz, cosa que podemos imaginar, el insecto irá anotando el espacio recorrido Dx cada cierto tiempo Dt. Esto no es para nada difícil de imaginar.

Si la distancia al globo no es muy grande, podemos suponer que desde que la bala sale del cañón del arma, su velocidad es constante hasta que llega al globo. Eso significa que, con buena aproximación, podemos suponer que recorre cada cierto tiempo Dt una misma distancia Dx.

El insecto, cuando le preguntemos, tomará su anotador y nos dirá la velocidad que tuvo la bala en su recorrido y ésta será igual a

$$V = Dx / Dt = V_b$$

Evidentemente esta velocidad será igual, con cierta aproximación debida a los errores que ha cometido el insecto al medir, a la velocidad de la bala que indicaba el manual del arma de fuego y que nosotros designamos como V_b.

Así llegamos a una distinción muy importante de la teoría de la Relatividad. El observador de la Figura 4 mide una velocidad de la bala que llamamos V_r, o velocidad real. El insecto mide una velocidad mayor que denominamos V o V_b, velocidad de la bala. El fenómeno es uno solo, pero las mediciones de dos observadores son diferentes. El insecto mide la velocidad de la bala *medida por la bala*, mientras que el observador mide la velocidad de la bala *medida por el observador*.

Esto quiere decir que cuando tratemos un suceso o describamos un hecho, debemos definir las variables indicando perfectamente y con precisión respecto de qué sistema de referencia se define esa variable. Si no lo hacemos así, las variables pierden su significado real, las definiciones se diluyen y, lo peor de todo, terminamos con conclusiones que no sabemos exactamente qué significan.

Siempre podemos asignar a un determinado suceso un sistema de referencia que nos permita definir exactamente el marco respecto del cual se definen las variables principales. Existen sistemas de referencia de diverso tipo. Los más sencillos son los que denominamos inerciales, pues en ellos se cumple la primera ley de Newton, también llamada Ley de Inercia.

Una buena traducción del original extraída de *Philosophiae naturalis principia mathematica* sería la siguiente (gracias Wikipedia)

Todo cuerpo persevera en su estado de reposo o movimiento uniforme y rectilíneo a no ser que sea obligado a cambiar su estado por fuerzas impresas sobre él. Es decir que llamamos sistema inercial a aquel en el cual un cuerpo, mientras no se le ejerza una fuerza, mantendrá su estado de reposo o de movimiento rectilíneo y uniforme.

Por lo tanto, cada vez que designamos una variable como la velocidad, el espacio o el tiempo, tenemos que indicar expresamente respecto de qué sistema la estamos definiendo. No es lo mismo medir la velocidad de la bala respecto del sistema de referencia donde se encuentra el observador, que definirla respecto del sistema de referencia que asignamos a la bala en sí misma. En un caso medimos V_r y en otro caso medimos V_b. Las mediciones más precisas son aquellas que se hacen muy cerca del fenómeno, así la distorsión interpuesta por la luz es la menor posible. Cuanto más nos alejemos del objeto observado mayor será el impacto de la velocidad acotada de la luz.

Aun así, siempre deberemos referenciar lo que medimos a un sistema. Es muy importante que mantengamos claro en nuestra mente este requisito de referenciación porque, como veremos enseguida, el mismo Einstein cometió el error de confundir los sistemas y eso lo condujo a cometer errores en las ecuaciones matemáticas que produjo para la teoría de la Relatividad.

Relatividad de primer y segundo grado

Como manera de entender mejor lo que sucede con la Relatividad, si es que aún el lector no abandonó este libro por demasiado simple, podemos clasificar las transformaciones matemáticas necesarias. Podemos decir que existe una Relatividad de primer grado o primer orden y una Relatividad de segundo orden.

En el primer caso, se trata de las ecuaciones de movimiento de un objeto respecto de un sistema de referencia inercial. Es decir, las transformaciones matemáticas del movimiento de un objeto vistas por un observador dentro del sistema donde se mueve ese objeto. Como vimos antes, la velocidad del objeto no será la misma, calculada por un observador en reposo en el sistema del objeto, que la medida desde el mismo objeto que se mueve. Es el caso de la bala disparada por un arma de fuego. En el capítulo siguiente calcularemos no solo la velocidad sino otros parámetros del movimiento del objeto.

En el caso de lo que llamamos Relatividad de segundo orden, se trata de que un objeto se mueve dentro de un sistema inercial que, al mismo tiempo, se está moviendo con relación a otro sistema inercial, que podemos suponer en reposo. En este segundo sistema se ubica el observador. Así, las ecuaciones de movimiento del objeto tendrán una conversión hacia las coordenadas del sistema dentro del cual se mueve el objeto, y estas coordenadas a su vez se convertirán respecto de otras pertenecientes al sistema donde se encuentra el observador. En este último caso, suponemos que el último sistema de referencia, el segundo, se encuentra en reposo.

Una vez sistematizado el movimiento como hemos hecho en los párrafos anteriores, queda en evidencia nuevamente los errores cometidos por Einstein al deducir las ecuaciones de movimiento de la Relatividad. Aparentemente parece que estuviera deduciendo ecuaciones de segundo orden, pero no existe ningún objeto declarado dentro del sistema que se mueve, a excepción del haz de luz que como vimos no es factible usar de ejemplo. Existe sólo una velocidad, y esta es la del sistema K' respecto del sistema K, como si se tratara de describir el movimiento de un cuerpo en reposo respecto de K'.

Por otra parte, Einstein plantea como datos la velocidad entre los sistemas, y las coordenadas del sistema de referencia, y pretende calcular como incógnitas las coordenadas del sistema que se mueve. Es decir, propone como datos conocidos x, y, z, t y v, y como incógnitas x', y', z' y t'. Si existe un objeto en movimiento respecto de K', las variables con prima serían calculadas directamente mediante una v' que debería ser dato también, y estaríamos ante ecuaciones de primer orden en K'.

Pero eso no es lo que ocurre. A estas alturas, si el lector ha seguido atentamente el razonamiento de Einstein debe estar totalmente confundido por la forma de actuar del genio, que no tiene explicación lógica alguna.

Einstein calcula x' como una función de t' y de v. Pero la velocidad v es la de K' respecto de K, no la del punto donde está x'. Si el punto donde esta x' está fijo respecto de K', entonces la velocidad hipotética v' es cero, v es un dato y no hay mucho que calcular.

Dicho de otro modo: el punto (x', t'), fijo respecto de K' dado que no existe una v', se moverá respecto de (x, t), fijo respecto de K, con una velocidad v, que es dato. No hace falta ninguna conversión ni trasformación de Lorentz para esto.

Reformulación de la Relatividad de primer grado

Ahora veremos cómo son las verdaderas transformaciones de la Relatividad, definiendo correctamente las variables. Supongamos un sistema de referencia K con coordenadas x, y, z y suponemos que el sistema K se encuentra en reposo. Y establezcamos un objeto que se mueve con velocidad v' respecto de ese sistema. El observador se encuentra en el origen (0, 0, 0). Calcularemos la velocidad medida por el observador denominada v como una función de v'. También calcularemos t como el tiempo, medido por el observador, en el cual el objeto recorre una distancia x.

Hacemos un diagrama sencillo para que se vea exactamente lo que ocurre.

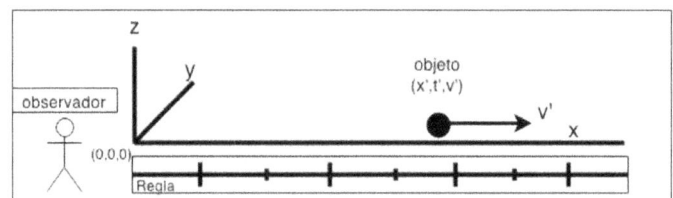

Figura 6.

Aclaración: en adelante usaremos prima para las variables propias y sin prima para las variables que ve el observador. En t = t' = 0 el cuerpo pasa por las coordenadas 0,0,0 y luego de un tiempo t' medido sobre el objeto llega a la coordenada x medida desde el objeto sobre una regla. Evidentemente, la velocidad del cuerpo v' medida por el cuerpo es

$$v' = x / t'$$

Esta velocidad v' es la velocidad del cuerpo *medida desde el mismo cuerpo*. Hacemos esta aclaración dado que no queremos confusiones. Para mayor claridad, asumimos nuevamente un pequeño insecto posado sobre el cuerpo en movimiento que tiene un reloj y que ve que llega a la coordenada x en el tiempo t'.

Ahora calcularemos lo que ve el observador, que como dijimos está situado en el punto 0,0,0. Este ve pasar el objeto frente a su posición y enciende, en ese mismo instante, su reloj. Para mayor claridad, supongamos que cuando el cuerpo llega a la coordenada x se enciende una luz que se encuentra en ese mismo punto. En el momento en el que el observador ve la luz, detiene su reloj, que le informa cual ha sido el tiempo t transcurrido desde que el objeto paso por 0,0,0. El observador verá la luz en un tiempo t que es mayor que el tiempo t' medido por el insecto. La diferencia es el tiempo en que la luz tarda en llegar al observador, o sea x/c.

Entonces

$$t = t' + x / c$$

$$t = x / v' + x / c = x (1/v' + 1/c)$$

Haciendo una simple operación podemos ver que

$$x = v't'$$

$$t = t' (1 + v' / c)$$

Esta ecuación nos muestra que el tiempo que el observador ve es mayor que el tiempo propio del objeto. Esto se denomina ***dilatación del tiempo*** en todos los tratados de relatividad. Es decir, el tiempo observado de un objeto en movimiento parece dilatarse respecto del tiempo que indica el reloj que posee el objeto. Este fenómeno es muy conocido, ha sido verificado infinidad de veces (con errores debido al uso de la transformación equivocada) y protagoniza muchas de las "paradojas" que creyeron verse dentro de la teoría de la Relatividad. Volveremos sobre esto más adelante.

En nuestro ejemplo, hemos "fijado" una de las variables, x, mediante el mecanismo de tener un sensor que nos dice en qué momento el objeto pasa frente a esa coordenada. Luego, hemos medido el tiempo en el que eso ocurre. Pero podríamos hacer al revés. Podemos, si conocemos la velocidad propia del objeto que denominamos v' (medida por el objeto) calcular el tiempo en el cual el objeto debería pasar por la coordenada x. Digamos que esa cuenta nos dice que en un tiempo t el objeto debe pasar por la coordenada x. Cuando se cumpla el tiempo t, medido por el observador, el cuerpo estará en una coordenada x' que será menor que x.

Obviamente, si la velocidad v' es constante y t' < t, entonces x < x'.

De las ecuaciones se puede comprobar fácilmente que x't = xt' y por tanto la velocidad medida por el observador será

$$v = x / t' = x' / t$$

$$x = x' / (1 + v' / c)$$

Es decir, la ***dilatación del tiempo*** es concordante con una ***contracción del espacio***. Ambos efectos han sido completamente estudiados desde la primera edición de la teoría de la Relatividad. Aquí solamente estamos corrigiendo las ecuaciones con las cuales se calcula este efecto.

La fórmula que da Einstein para la dilatación del tiempo es la derivada de la transformación de Lorenz y equivale a

$$t = t' / (1 - v^2/c^2)^{1/2}$$

sin embargo, como acabamos de mostrar, la ecuación de Einstein está equivocada.

De lo anterior se obtiene la misma ecuación para la velocidad que ya obtuvimos en el ejemplo de la bala que presentamos antes. Esto es

$$v = v' / (1 + v'/c)$$

Como conclusión general podemos ver que la velocidad medida por el observador es menor que la real, la distancia recorrida también lo es y el tiempo empleado es mayor. Todo esto se produce simultáneamente por el sólo efecto de que la luz tiene una velocidad finita, lo mismo que cualquier tipo de transmisión de información. Valen todas las consideraciones hechas antes sobre este aspecto.

Simetría espacial en la Relatividad

Una diferencia importante entre nuestras deducciones de la transformación relativista y la transformación de Lorentz es que esta última es simétrica y nuestra transformación no lo es. Esto significa, en la transformación de Lorentz, que la reducción del espacio y la dilatación del tiempo son solamente dependientes de la magnitud de la velocidad del objeto y no de la dirección de esta velocidad. Por otra parte, según las ecuaciones de Lorentz, el tiempo siempre se dilata y el espacio siempre se contrae, produciendo el mismo efecto en cualquier condición del observador respecto del hecho observado.

En cambio, en la transformación que acabamos de deducir, el sentido de la velocidad es primordial. Las ecuaciones se han derivado para casos donde el objeto se aleja del observador. Un análisis elemental demuestra que si el objeto se acerca al observador el signo de la velocidad cambia. Esta variación del sentido de la velocidad no es menor, puesto que en tal caso lo que veremos es una **dilatación del espacio** y una **contracción del tiempo**.

Es decir que, si un objeto se mueve a alta velocidad hacia nosotros, veremos su coordenada o sus dimensiones dilatadas y veremos también que los tiempos involucrados en su movimiento son menores que los reales.

Este efecto es el mismo que en el caso del sonido cuando se produce el efecto Doppler. Un vehículo ruidoso que se acerca hacia nosotros será escuchado con un tono de sonido más alto, dado que las ondas de sonido están siendo comprimidas hacia nuestra posición. Cuando pasa frente a nosotros escucharemos el ruido real del motor. Cuando se aleje, escucharemos un tono más bajo, puesto que las ondas de sonido se "estiran" por efecto de la velocidad. Lo que vemos en la Relatividad no es ni más ni menos que el efecto Doppler actuando sobre las ondas de luz que nos comunican la información del objeto.

Por tanto, para un objeto acercándose al observador, las ecuaciones serán las siguientes. No haremos la demostración aquí dado que es muy sencilla y el lector las puede deducir fácilmente.

$$x = x' / (1 - v' / c)$$

$$t = t' (1 - v' / c)$$

$$v = v' / (1 - v' / c)$$

Es curioso que los físicos durante más de cien años no se hayan puesto a pensar por qué la relatividad aparece como simétrica con la dirección de la velocidad. Es un efecto evidente, claro y fácilmente demostrable, de que las ecuaciones de Einstein estaban erradas. El hecho de que Einstein haya presentado ecuaciones simétricas y nadie haya cuestionado eso, siendo tan evidente y habiendo tantas pruebas de que no es así, solamente nos hace dudar de lo apegados que son los mismos científicos al método epistemológico. Y la enorme ascendencia de Einstein, casi un rockstar, opacando y escondiendo cualquier duda sobre su obra.

Para finalizar, un ejemplo que viene al caso: en astrofísica es bien conocido el fenómeno de los pulsars, estrellas que emiten radiación electromagnética y luz en forma periódica, con períodos del orden de un segundo, cada vez que los polos de la estrella se alinean con la tierra. Los astrónomos conocen perfectamente el período de la emisión. Sin embargo, cuando los pulsars en su órbita se mueven en dirección a la tierra, el período se acorta, mientras que, del otro lado de la órbita, cuando se alejan de la tierra, el período que percibimos se alarga. Este fenómeno se conoce desde hace años, y el efecto Doppler equivalente que se detecta cuando la órbita cambia de sentido respecto de nosotros, parece que jamás fue analizado a la luz de las ecuaciones de Einstein – Lorentz. De haberlo hecho, se habría notado la incongruencia de esa transformación matemática.

Reformulación de la Relatividad de segundo grado

A continuación, vamos a presentar matemáticamente la Relatividad de segundo grado. Esto quiere decir que debemos hallar las ecuaciones de movimiento de un objeto que se mueve con velocidad w respecto de un sistema K' de coordenadas (x', y', z', t') el cual a su vez se está moviendo con una velocidad v respecto de otro sistema de coordenadas K (x,y,z,t) eventualmente en reposo.

El razonamiento es muy laborioso y, por tanto, presentaremos solamente su conclusión, dejando para los lectores curiosos su deducción.

$$V = \frac{v + w - (2vw/c)}{1 - vw/c^2}$$

En este caso V es la velocidad de un punto respecto de un sistema K. La velocidad v es la velocidad de un sistema K' respecto del sistema K, w es la velocidad del punto respecto de K'.

O sea, un punto se mueve respecto de K' con velocidad w, y K' se mueve con velocidad v respecto de K. Entonces la velocidad del punto respecto de K es V (ve mayúscula).

Como puede verse no hay ecuaciones cuadráticas, salvo en lo que hace a la velocidad de la luz representada por c. Tampoco hay raíces cuadradas. Los signos algebraicos, unido a la ausencia de cuadráticas y raíces, indican que las velocidades serán sensibles a la composición geométrica y que habrá adiciones y sustracciones de acuerdo a ello.

Por otra parte, es notable que la ecuación presentada sea simétrica respecto de v y w. Esto es, que ambas velocidades cumplen la misma función dentro de la ecuación, con lo cual podrían darse situaciones simétricas de los tres elementos, dos sistemas y un punto, en el cual el resultado fuera equivalente entre sí.

Es de hacer notar que, como se dijo antes, al no haber ecuaciones cuadráticas o cuadrado de velocidades, la adición y la multiplicación son siempre vectoriales. Esto significa que la posición del observador respecto del hecho observado y respecto del sistema o sistemas de referencia, es siempre geométrica y será afectada por el sentido de la velocidad, no exclusivamente por su magnitud.

Esto último es una verificación adicional de que las ecuaciones correctas son las deducidas aquí y no las de las ecuaciones de la Transformación de Lorentz.

CONCLUSIONES

Los errores de Einstein

Supongo que el lector que ha llegado hasta esta página debe estar tan asombrado como el autor cuando obtuvo los primeros borradores de los cálculos. Ver que una construcción tan importante como la teoría que nos ocupa se derrumba de forma tan simple, es impactante. Cualquier persona que sepa lo que representa y representó la Teoría de la Relatividad y su autor en los primeros años del Siglo Veinte no puede no asombrarse.

Como creemos que ha quedado claramente demostrado, Einstein describió adecuadamente los fenómenos de la naturaleza dentro de sistemas en movimiento relativo entre sí. La necesidad de aplicar transformaciones para pasar de describir en un sistema a describir en otro, es uno de sus logros indiscutidos. Sin embargo, al intentar plasmar sus descripciones en formas matemáticas, cometió errores casi infantiles para un científico de su nivel, el cual siempre fue difícil de exagerar.

Dichos errores fueron producto del abandono de los mismos principios que Einstein estableció como sólido basamento de lo que debería ser una teoría científica, y en particular la cinemática. Sentó las bases, forjó los principios y luego los abandonó, cuando era más necesario sostenerlos firmemente. No es posible establecer los motivos finales ni mediáticos de su actitud y su error, ni tendría mucho sentido. Al fin y al cabo, la ciencia no son más que descripciones sin intenciones.

Las deducciones que conducen a la transformación de Lorentz están equivocadas. Dichas transformaciones, deducidas por Lorentz para otros fines, son previas a la Teoría de la Relatividad y seguramente en su área específica de aplicación son plenamente válidas. El impacto que este fallo termine teniendo sobre las bases de la teoría es impredecible. Su desarrollo está más allá del alcance de este libro, y su predicción depende de lo que la comunidad científica haga con las conclusiones de este libro.

De todas maneras, la constatación y el entendimiento de los errores cometidos significa un nuevo comienzo para la física.

El Mundo de la Física

La Teoría de la Relatividad fue la protagonista de la revolución más grande de la física en los últimos quinientos años, no cabe ninguna duda de ello. Sus predicciones y sus modos de pensar la física han producido un cambio trascendental en los científicos, aunque no en la manera en que la gente piensa la realidad.

Sin embargo, los logros más importantes de la Relatividad no están donde se cree, en sus ecuaciones y ni siquiera en sus predicciones. Su logro más importante está en la afirmación, indudable y sólida, de que todo sistema requiere una transformación para ser observado. Esto provoca que el observador solitario deba preguntarse qué clase de transformación necesita para observar adecuadamente un objeto y cómo esa transformación incluye sus propias variables de movimiento, las del observador, y en qué medida éstas modifican el objeto observado o su comportamiento.

De este modo, la observación de los fenómenos naturales estará siempre mediada por el observador mismo, lo cual plantea una imposibilidad inmanente de conocer la realidad en forma objetiva. El mundo, el Universo, en definitiva, será siempre entrevisto como la caverna de Platón, a través de sus reflejos.

Seguidamente, *last but not least*, el observador se vuelve consciente de que no puede describir la realidad considerando el conocimiento que está más allá del alcance de su observación. Las ecuaciones de cualquier transformación que se desarrolle para representar el comportamiento de un fenómeno en uno y otro sistema, tan disímiles como se quieran entre sí, deben contemplar el hecho de no existe transmisión de información a velocidades infinitas. Por lo tanto, nadie puede describir todo lo que ocurre como si estuviera en más de un lugar al mismo tiempo y como si tuviera toda la información disponible. Aunque disponga de dicha información o la obtenga por otros medios, las leyes de la física deben verificarse como si dicha información no existiera.

La ciencia debe contemplar las limitaciones de transmisión de información, de fuerzas, de campos, y debe hacerlo adecuadamente, sin atajos. El Universo es un universo particular, el que surge de las limitaciones que tenemos aquí y ahora. Y las transformaciones son las que necesiten diversos observadores, pero todos en un pie de igualdad, nadie posee una situación privilegiada.

Sin embargo, y aunque parezca contradictorio, existen lugares desde donde es privilegiado observar determinado fenómeno. Eso, en profundidad, es lo que hace que todos los observadores sean iguales. Y esto debe reflejarse en las ecuaciones.

Este pequeño libro y después

Este libro no cuestiona la Teoría de la Relatividad como un todo, sino apenas su manifestación matemática. Son cuestionados los desarrollos de fórmulas iniciales, como las transformaciones de Lorentz, que pretenden representar la totalidad, o casi, de las predicciones de la teoría.

Si de un análisis más profundo de los errores matemáticos se dedujera que los principios básicos de la teoría están equivocados, el autor de este libro sería el primero en asombrarse.

Hasta aquí, la humilde contribución a la discusión de un aficionado con ganas de indagar, pensar y concluir. De aquí en adelante alguien debería tomar esta posta, este signo, y llevarlo adelante con una visión menos de admirar y más de observar y pensar. Penetrar la realidad con una visión mucho más científica que la de este libro. Y olvidar que existió una persona, llamada Einstein, que en su momento fue como una estrella de rock.

Sería un anhelo cumplido si algún científico tomara los puntos de vista esbozados en este pequeño libro y los analizara con una rigurosidad científica mucho más elevada. Si ese esfuerzo demostrara que este libro y sus conclusiones están errados, bienvenido sea. La física, como aventura del pensamiento científico, habría prevalecido y logrado un triunfo más.

***

Anexo 1: el final del camino

Dijimos en este libro que Einstein había dejado sin resolver el problema de la simultaneidad y la causalidad. Es natural que eso ocurriera porque él ni siquiera se planteó el problema. Lo que hemos hecho en estas páginas ha sido poner en evidencia esa carencia y sentar las bases para resolverlo definitivamente a través de las transformaciones matemáticas adecuadas.

Justamente la asimetría natural de la "nueva" Relatividad es la que cierra la brecha entre la simultaneidad y la causalidad. Queda muy lejos en el espacio de este libro la posibilidad de analizar cómo las matemáticas se ajustan en los casos que Einstein dejó sin resolver. El problema de la causalidad y de la coincidencia en espacio y en tiempo (el choque) no pueden ser desarrollados aquí matemáticamente. Es natural que se resuelvan a partir de la asimetría de las ecuaciones de movimiento y su impacto en todas las leyes de la física que deben ser revisadas.

Sin embargo, queda claro que, en el punto de cruce de los fenómenos y su descripción matemática adecuada estará naturalmente representada la solución de la simultaneidad en forma matemática.

Agradecimientos

A mi esposa y, en general, a toda mi familia, por su infinita paciencia y generosidad frente a las horas robadas que significó este pequeño librito.

A Albert Einstein, por ayudarnos a entender la realidad de una forma que nadie había logrado antes.

© 2016 - Jose Luis Gambande

www.ingramcontent.com/pod-product-compliance
Lightning Source LLC
Chambersburg PA
CBHW060400190526
45169CB00002B/687